BEI GRIN MACHT SICH IHR WISSEN BEZAHLT

- Wir veröffentlichen Ihre Hausarbeit,
  Bachelor- und Masterarbeit

- Ihr eigenes eBook und Buch -
  weltweit in allen wichtigen Shops

- Verdienen Sie an jedem Verkauf

Jetzt bei www.GRIN.com hochladen
und kostenlos publizieren

Bibliografische Information der Deutschen Nationalbibliothek:

Die Deutsche Bibliothek verzeichnet diese Publikation in der Deutschen National-bibliografie; detaillierte bibliografische Daten sind im Internet über http://dnb.d-nb.de/ abrufbar.

Impressum:

Copyright © 2015 GRIN Verlag
Druck und Bindung: Books on Demand GmbH, Norderstedt Germany
ISBN: 9783668979420

Dieses Buch bei GRIN:

https://www.grin.com/document/475225

Sadik Mejid, Markus Fetzer

Komplexe Reaktionskinetik. Konzentration versus Zeit bei verschiedenen Reaktionen

GRIN Verlag

GRIN - Your knowledge has value

Der GRIN Verlag publiziert seit 1998 wissenschaftliche Arbeiten von Studenten, Hochschullehrern und anderen Akademikern als eBook und gedrucktes Buch. Die Verlagswebsite www.grin.com ist die ideale Plattform zur Veröffentlichung von Hausarbeiten, Abschlussarbeiten, wissenschaftlichen Aufsätzen, Dissertationen und Fachbüchern.

Besuchen Sie uns im Internet:

http://www.grin.com/

http://www.facebook.com/grincom

http://www.twitter.com/grin_com

Universität zu Köln

Institut für Physikalische Chemie

Praktikum PC

Modul MN-C-E-PC

Versuch 04:

Komplexe Reaktionskinetik

Versuchsdurchführung: 19.01.2015

Sadik Mejid, Markus Fetzer

Inhaltverzeichnis

1 Einleitung 3

2 Aufgabenstellung 4

3 Durchführung 4

4. Auswertung und Disskussion.. 4

4.1 Konsekutiv-Reaktion... 4

4.2 Michaelis-Menten-Mechanismus.............. 9

4.3 Kettenreaktion.. 14

4.4 Autokatalytische Reaktion...17

4.5 Lotka-Volterra-Oszillator...19

5 Zusammenfassung der Ergebnisse..22

6 Literatur 23

1. Einleitung

Die Reaktionskinetik ist die Lehre von der Geschwindigkeit chemischer Reaktionen. Diese Reaktionsgeschwindigkeit wird von verschiedenen Faktoren beeinflusst, deren Erforschung und Kenntnis Auskunft darüber gibt, auf welche Weise die miteinander reagierenden Stoffe in die Endprodukte verwandelt werden. Die Kenntnis dieser Faktoren ermöglicht es im Prinzip, chemische Reaktionen zu steuern, d.h. gewünschte Endprodukte aus bestimmten Ausgangsstoffen herzustellen und nicht irgendwelche Produkte, aus denen die gewünschten erst herausgetrennt werden müssen. Da viele chemische Reaktionen eine intensive Energie- bzw. Enthalpiekomponente besitzen, ist auch deren Kenntnis wichtig, um Kosten zu sparen bzw. fehlgeleitete Reaktionen (Explosionen, Verbrennungen usw.) zu verhindern[1].

Die genauere Beschreibung, wie eine Reaktion in welchen einzelnen Schritten abläuft, nennt man den Reaktionsmechanismus. Die meisten chemischen Reaktionen laufen nicht so ab, wie es die Reaktionsgleichung angibt, sie gehen in mehrstufigen Umwandlungen vor sich. Aussagen über Reaktionsmechanismen sind daher "nur" (Modell)- Vorstellungen über den Reaktionsablauf, deren Grundlagen auf kinetischen Untersuchungen beruhen, d.h. auf Konzentrationsänderungen in bestimmten Zeitintervallen[1].

Die Reaktionskinetik umfasst mehrere Teilgebiete[1]:
1. Die Reaktionsgeschwindigkeit
2. Die Konzentrationsabhängigkeit der Reaktionsgeschwindigkeit
3. Die Formulierung entsprechender Geschwindigkeitsgesetze
4. Die Formulierung einer Hypothese über den detaillierten Ablauf, d.h. den Reaktions- mechanismus
5. Die Temperaturabhängigkeit der Reaktionsgeschwindigkeit

2. Aufgabenstellung

Für eine Reihe von komplexen Reaktionen sollen anhand von per Computer Algebra-Software erstellten Konz. vs Zeit-Diagramme folgende Aspekte gezeigt werden: Für eine Konsekutiv-Reaktion soll die Abhängigkeit der Bildung des Endproduktes vom langsamsten Schritt der Gesamtreaktion gezeigt werden, für Michaelis-Menten-Kinetik soll der effektive Reaktionsordnung ermittelt und Änderung im Falle von vollständiger Reversibilität der Reaktion gzeigt werden, für eine Kettenreaktion soll der Reaktions-ordnung ermittelt werden, für eine autokatalytische Reaktion soll der Effekt der Anfangskonzentration der sich selbst katalysierneden Spezies demonstriert werden und zu letzt soll der Lotka-Volterra-Oszillator graphisch zur Oszillation gebracht werden und für diese Reaktion ein Phasenraumdiagramm erstellt werden.

3. Durchführung

Zuerst wurden die Differentialgleichungen für die jeweilige Reaktion erstellt, diese werden in das Computer Algebra-Software Maple einprogrammiert und nummerisch gelöst, indem bestimmte Zahlenwerte für die Parameter (Konz., Geschwindigkeits-konst.) eingesetzt werden, sodass für die jeweilige komplexe Reaktion typische Konz. vs Zeit-Diagramme erstellt werden können.

4. Ergebnisse und Diskussion

4.1 Konsekutiv-Reaktion

Es wurde die folgende Konsekutiv-Reaktion untersucht:

$$A \xrightarrow{k_1} B \xrightarrow{k_2} C \xrightarrow{k_3} F \qquad (1)$$

Ein konkretes chemisches Beispiel für das Reaktionsschema (1) ist die säurekatalysierte Hydrolyse von Kaliumhydroxylamintrisulfonat, die nach folgendem Reaktionsmodell läuft[2]:

$$(SO_3)_2NOSO_3^{3-} + H_2O \xrightarrow{k_1} SO_3NHOSO_3^{2-} + HSO_4^- \qquad (2)$$

$$SO_3NHOSO_3^{2-} + H_2O \xrightarrow{k_2} NH_2OSO_3^- + HSO_4^- \qquad (3)$$

$$NH_2OSO_3^- + H_2O \xrightarrow{k_3} NH_2OH + HSO_4^- \qquad (4)$$

4

Näheres zur oberen reaktion ist unter Literatur [2] zu finden.

Anhand der graphischen Darstellungen soll gezeigt werden, dass die Bildungs-geschwindigkeit des Endproduktes F meistens vom langsamsten Reaktionsschritt abhängig ist. Für die Reaktionsgleichung (1) wurden folgende Differentialgleichungen erstellt, mit deren Parameter die Konzentration vs. Zeit-Diagramme erstellt wurden:

$$\frac{d[A]}{dt} = -k_1[A] \tag{5}$$

$$\frac{d[B]}{dt} = k_1[A] - k_2[B] \tag{6}$$

$$\frac{d[C]}{dt} = k_2[B] - k_3[C] \tag{7}$$

$$\frac{d[F]}{dt} = -k_3[C] \tag{8}$$

Im folgenden sind die erhaltenen Konzentration vs Zeit-Diagramme für die Konsekutiv-Reaktion (1) bei verschiedenen Parametern:

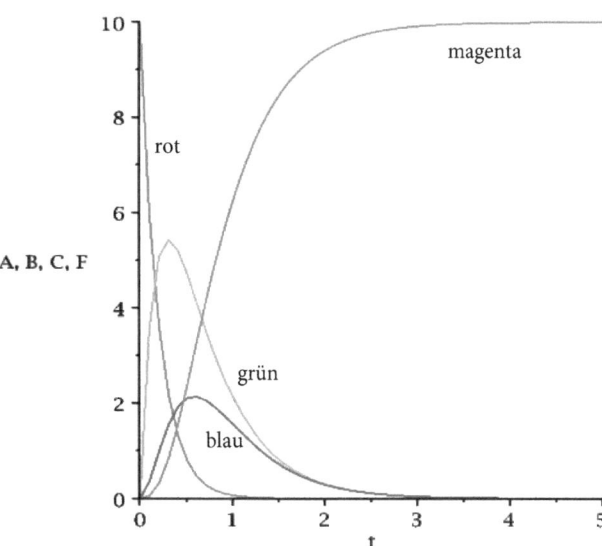

Abb. 1: Das Diagramm der Konzentration vs Zeit für die Konsekutiv-Reaktion (1) mit den Parametern k_1 = 5, k_2 = 2, k_3 = 4, $[A]_0$= 10 (rot), $[B]_0$ = 0 (grün), $[C]_0$ = 0 (blau), $[F]_0$ = 0 (magenta).

Wenn ein Reaktionsschritt wesentlich langsamer abläuft als alle anderen, so ist dieser der geschwindigkeitsbestimmende Schritt der Gesamtreaktion. Die gesamte Reaktionszeit ist durch diesen Schritt bestimmt, die anderen Schritte spielen dann kaum eine Rolle

In (Abb. 1) ist das gesamte vorhandene A, was am Anfang da war, innerhalb von 1,5 Zeiteinheiten mit $k_1 = 5$ schnell in B umgesetzt worden, daher ist B während des Reaktionsablaufs zu einem großen Teil vorhanden, der dann mit $k_2 = 2$ langsam zu C verbraucht wird. Die Geschwindigkeit, mit der das Endprodukt F gebildet wird, hängt vom langsamsten Reaktionsschritt (hier $k_2 = 2$) ab. Das Edukt A ist innerhalb von 3 Zeiteinheiten vollständig in das Endprodukt F umgesetzt worden.

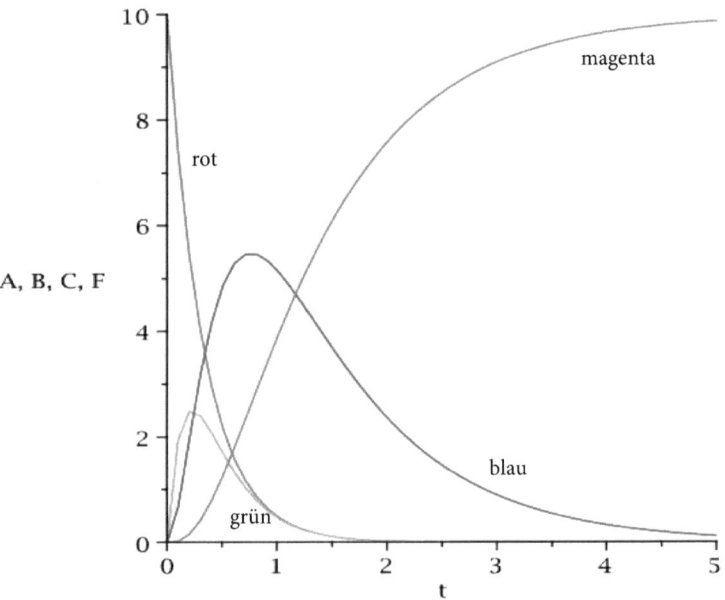

Abb. 2: Das Diagramm der Konz. vs Zeit für die Konsekutiv-Reaktion mit den Parametern $k_1 = 3$, $k_2 = 6$, $k_3 = 1$, $[A]_0 = 10$ (rot), $[B]_0 = 0$ (grün), $[C]_0 = 0$ (blau), $[F]_0 = 0$ (magenta).

Die Abb. 2 zeigt, dass die Geschwindigkeit, mit der das Endprodukt F entsteht vom langsamsten Reaktionsschritt (hier $k_3 = 1$) abhängt. A wird wird mit $k_1 = 3$ in B umgesetzt, der aber mit $k_2 = 6$ relativ schneller in C umgesetzt wird, daher ist B (grüne Kurve)

während des Reaktionsablaufs nur relativ zu einem geringen Teil vorhanden. Dagegen ist vom C viel vorhanden, da k_3 = 1 relativ langsam ist, daher wird das Edukt A innerhalb von 5 Zeiteinheitenm vollständig in das Endprodukt F umgesetzt.

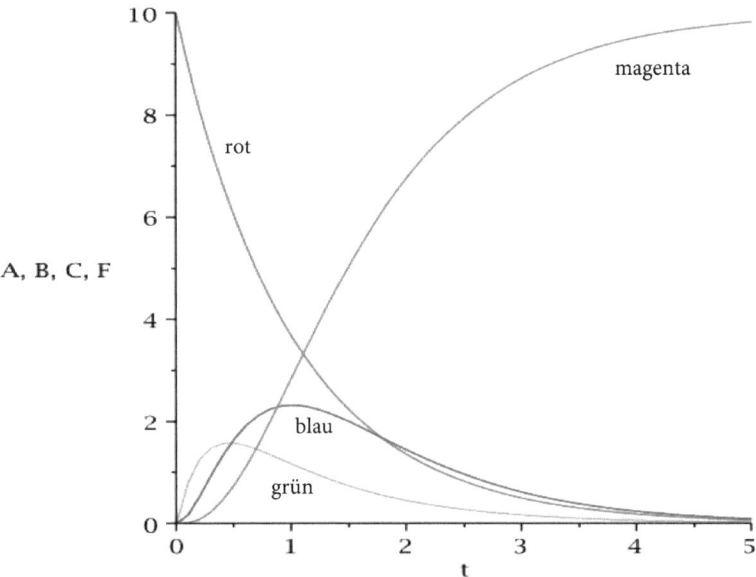

Abb. 3: Das Diagramm der Konzentration vs Zeit für die Konsekutiv-Reaktion mit den Parametern k_1 = 1, k_2 = 4, k_3 = 2, $[A]_0$= 10 (rot), $[B]_0$ = 0 (grün), $[C]_0$ = 0 (blau), $[F]_0$ = 0 (magenta).

Die Abb. 3 zeigt, dass die Geschwindigkeit, mit der das Endprodukt F entsteht vom langsamsten Reaktionsschritt (hier k_1 = 1) abhängt. A wird mit k_1 = 1 erst innerhalb von 5 Zeiteinheiten in B umgesetzt, der aber mit k_2 = 4 relativ schneller in C umgesetzt wird, daher ist hier B (grüne Kurve) während des Reaktionsablaufs ebenfalls nur relativ zu einem geringen Teil vorhanden. Das Zwischenprodukt C ist zu einem geringen Teil vorhanden, da k_3 = 2 relativ zu der in Abb. 2 schneller ist, daher wird das Edukt A innerhalb von 5 Zeiteinheiten vollständig in das Endprodukt F umgesetzt.

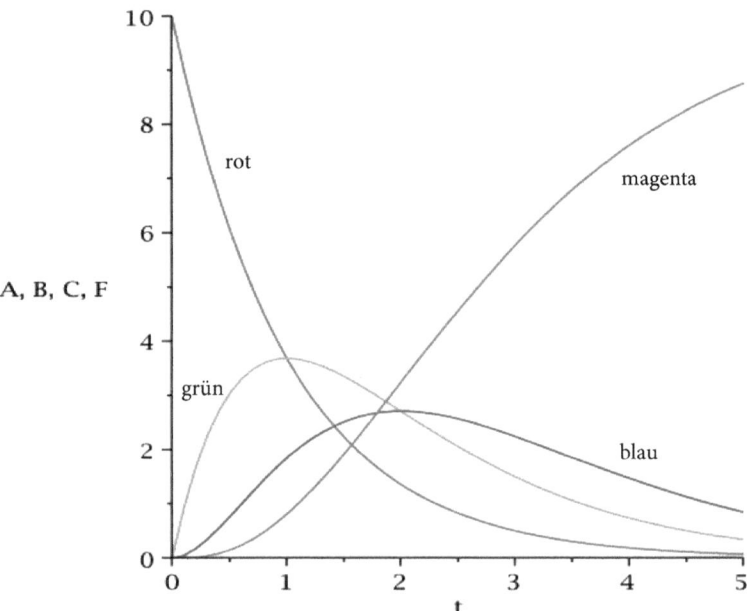

Abb. 4: Das Diagramm der Konzentration vs Zeit für die Konsekutiv-Reaktion mit den Parametern $k_1 = 1$, $k_2 = 1$, $k_3 = 1$, $[A]_0 = 10$ (rot), $[B]_0 = 0$ (grün), $[C]_0 = 0$ (blau), $[F]_0 = 0$ (magenta).

Die Abb. 4 zeigt, die Konsekutiv-Reaktion mit $k_1 = k_2 = k_3 = 1$. Es ist zu erkennen, dass die Konzentrationen der beiden Zwischenprodukte B und C etwa zu gleichen Anteilen während des Reaktionsablaufs vorhanden sind. Hier wird das Edukt A relativ langsamer in das Endprodukt F umgesetzt und die vollständige Umsetzung dauert länger als 5 Zeiteinheiten, wie es in den Abb. 1, 2 und 3 der Fall ist.

4.2 Michaelis-Menten-Mechanismus

Im Folgenden wird die Michaelis-Menten-Mechanismus für die Enzymkinetik untersucht. Hierdurch wird die effektive Reaktionsordnung ermittelt. Außerdem wird gezeigt welche Änderungen auftreten, wenn der letzte Reaktionsschritt reversible gemacht wird.

$$A + E \xrightleftharpoons[k_{-1}]{k_1} B \xrightarrow{k_3} C + E \tag{9}$$

Für die Reaktionsgleichung (9) wurden folgende Differentialgleichungen erstellt, mit deren Parameter die Konzentration vs. Zeit-Diagramme erstellt wurden. Hier wurde [A] ohne die Abhängigkeit von t einorgrmmiert und somit als konstant berechnet.

$$\frac{d[E]}{dt} = -k_1[A][E] + k_{-1}[B] + k_2[B] \tag{10}$$

$$\frac{d[B]}{dt} = k_1[A][E] - k_1[B] - k_2[B] \tag{11}$$

$$\frac{d[C]}{dt} = k_2[B] \tag{12}$$

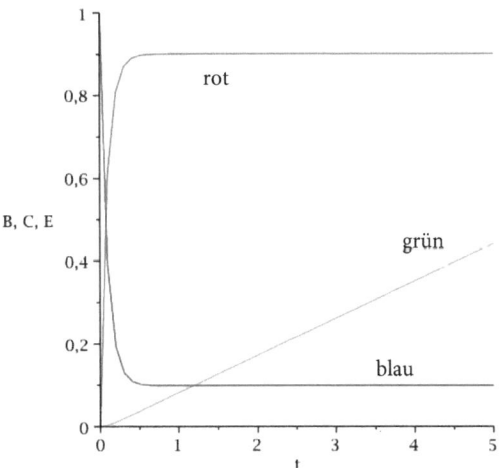

Abb. 5: Das Diagramm der Konzentration vs Zeit für die Michaelis-Menten-Mechanismus mit den Parametern $k_1 = 1$, $k_{-1} = 1$, $k_2 = 0,1$, $[A]_0 = 10$, $[B]_0 = 0$ (rot), $[E]_0 = 1$ (blau), $[C]_0 = 0$ (grün).

Die Kurven lassen sich dadurch erklären, dass das Enzym E sich mit seinem Substrat A zu einem Enzymsubstrat-Komplex B verbindet. Es stellt sich ein schnelles Bildungs-gleichgewicht ein. Dieser Komplex reagiert in einer langsamen Reaktion unter Rück-bildung des Enzyms zum Produkt C. Damit ist die Produktbildung bestimmend für die Gesamtgeschwindigkeit. Die Reaktionsgeschwindigkeit wird von der Konzentration des Enzym-Substrat-Komplexes B bestimmt. Ist die Substratkonzentration A deutlich größer als die Enzymkonzentration E, hängt B nur von der Enzymkonzentration ab, es handelt sich um eine Reaktion 0. Ordnung. Die Geschwindigkeit der Reaktion ist also konstant.

Im Abb. 5 ist zu erkennen, dass die Konzentration der miteinander im Gleichgewicht stehenden Reaktanden A + E, (blaue Kurve) und B (rote Kurve) wegen $k_1 = 1$ und $k_{-1} = 1$ am Anfang viel größer ist und die Bildung des Endproduktes C zusammen mit der Rückbildung des Enzymes E (grüne kurve) wegen $k_2 = 0,1$ viel langsamer läuft.

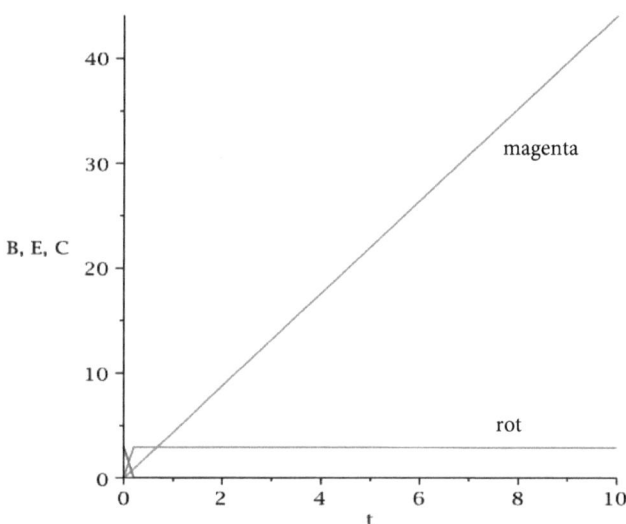

Abb. 6: Das Diagramm der Konzentration vs Zeit für die Michaelis-Menten-Mechanismus mit den Parametern $k_1 = 4$, $k_{-1} = 4$, $k_2 = 1,5$, $[A]_0 = 20$, $[B]_0 = 0$ (rot), $[E]_0 = 1$ (blau), $[C]_0 = 0$ (magenta).

Die Abb. 6 zeigt, dass die Konzentration der miteinander im Gleichgewicht stehenden Reaktanden A + E (blaue Kurve) und des Zwischenproduktes B (rote Kurve) ist trotz $k_1 = 4$ und $k_{-1} = 4$ klein im Vergleich zur schnellen Bildung von C und E (magenta Kurve), da $k_2 = 1,5$ beträgt und somit das fünfzehnfache vom k_2 in Abb. 5.

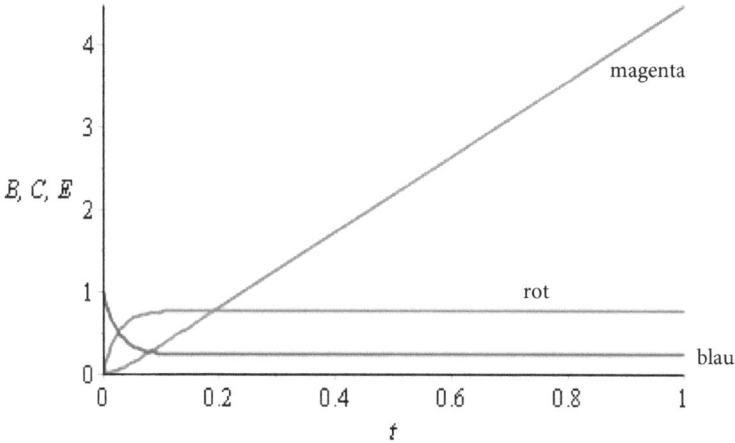

Abb. 7: Das Diagramm der Konzentration vs Zeit für die Michaelis-Menten-Mechanismus mit den Parametern $k_1 = 3$, $k_{-1} = 3$, $k_2 = 6$, $[A]_0 = 50$, $[B]_0 = 0$ (rot), $[E]_0 = 1$ (blau), $[C]_0 = 0$ (magenta).

Die Abb. 7 zeigt, dass die Konzentration der miteinander im Gleichgewicht stehenden Reaktanden A + E (blaue Kurve) und die des Zwischenproduktes B (rote Kurve) bei $k_1 = 3$ und $k_{-1} = 3$ verglichen mit der schnelleren Bildung von C und E (magenta Kurve), viel kleiner ist, da $k_2 = 6$ das sechzigfache vom k_2 in Abb. 5 beträgt.

Nun was ändert sich, wenn die Michaelis-Menten-Reaktion vollständig reversibel wird, was die Realität eher besser beschreibt:

$$A + E \underset{k_{-1}}{\overset{k_1}{\rightleftharpoons}} B \underset{k_{-2}}{\overset{k_2}{\rightleftharpoons}} C + E \qquad (13)$$

Die Differentialgleichungen für die reaktion (13) werden wie folgt formuliert:

$$\frac{d[A]}{dt} = 0 \qquad (14)$$

$$\frac{d[E]}{dt} = -k_1[A][E] + k_{-1}[B] + k_2[B] - k_{-2}[C][E] \qquad (15)$$

$$\frac{d[B]}{dt} = k_1[A][E] - k_{-1}[B] + k_{-2}[C][E] - k_2[B] \qquad (16)$$

$$\frac{d[C]}{dt} = k_2[B] - k_{-2}[C][E] \qquad (17)$$

Die Gleichgewichtskonstante K_{eq} für die Reaktion (13) wird wie folgt formuliert[3]:

$$K_{eq} = \frac{k_1 \cdot k_2}{k_{-1} \cdot k_{-2}} \qquad (18)$$

Im Folgenden sind die per Computer-Simulation erstellten Konzentration vs Zeit-Diagramme der reversiblen Michaelis-Menten-Reaktion mit den folgenden Parametern: $[A]_0 = 10$, $[E]_0 = 1$, $[B]_0 = 0$, $[C]_0 = 0$, $k_1 = k_{-1} = k_2 = k_{-2} = 1$. Als Differentialgleichungen wurden die Gl. (12), (13) und (14) einprogrammiert.

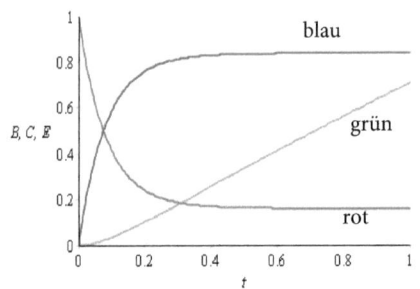
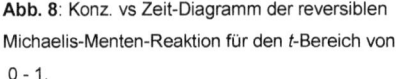
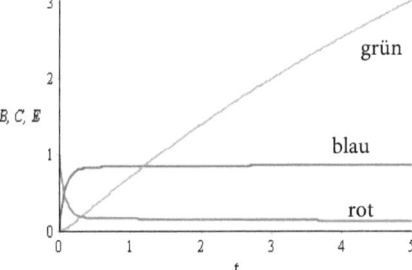

Abb. 8: Konz. vs Zeit-Diagramm der reversiblen Michaelis-Menten-Reaktion für den *t*-Bereich von 0 - 1.

Abb. 9: Konz. vs Zeit-Diagramm der reversiblen Michaelis-Menten-Reaktion für den *t*-Bereich von 0 - 5.

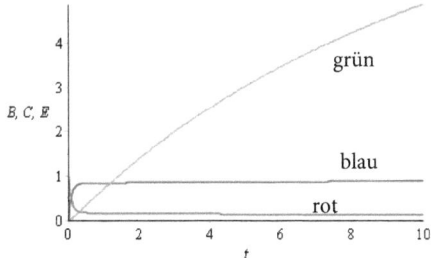

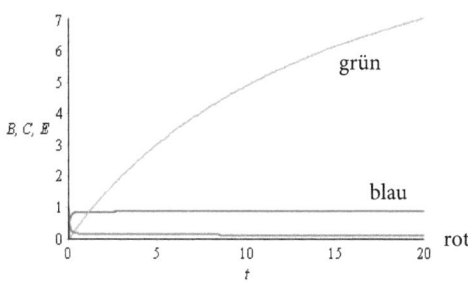

Abb. 10: Konz. vs Zeit-Diagramm der reversiblen Michaelis-Menten-Reaktion für den t-Bereich von 0 - 10.

Abb. 11: Konz. vs Zeit-Diagramm der reversiblen Michaelis-Menten-Reaktion für den t-Bereich von 0 - 20.

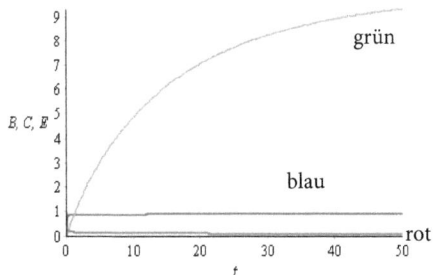

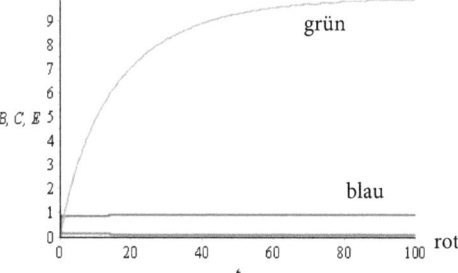

Abb. 12: Konz. vs Zeit-Diagramm der reversiblen Michaelis-Menten-Reaktion für den t-Bereich von 0 - 50.

Abb. 13: Konz. vs Zeit-Diagramm der reversiblen Michaelis-Menten-Reaktion für den t-Bereich von 0 - 100.

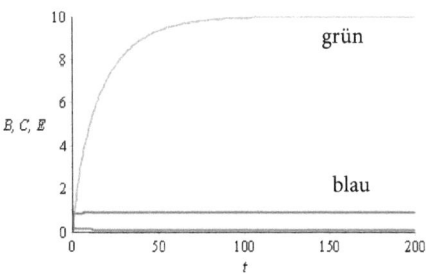

Abb. 14: Konz. vs Zeit-Diagramm der reversiblen Michaelis-Menten-Reaktion für den t-Bereich von 0 - 200.

Beim Vergleich der reversiblen Michaelis-Menten-Reaktion mit der „nicht" reversiblen Reaktion, ist es deutlich zu erkennen, dass die Bildung des Endprodukt langsamer stattfindet, da ein Teil des entstehenden Endproduktes ständig zu B zurückgebildet wird.

4.3 Kettenreaktion

Im Folgenden wird die Kettenreaktion (19) - (21) untersucht. Es wird angenommen, dass die Reaktion unter isothermalen Bedingungen abläuft. Hierdurch wird die Reaktionsordnung ermittelt.

$$Br_2 \; \underset{k_{-1}}{\overset{k_1}{\rightleftharpoons}} \; 2\,Br\cdot \tag{19}$$

$$Br\cdot + H_2 \; \xrightarrow{\;k_2\;} \; HBr + H\cdot \tag{20}$$

$$H\cdot + Br_2 \; \xrightarrow{\;k_3\;} \; HBr + Br\cdot \tag{21}$$

Für die Reaktionsgleichungen (19) - (21) wurden folgende Differentialgleichungen erstellt, mit deren Parameter die Konzentration vs. Zeit-Diagramme erstellt wurden:

$$\frac{d\,[Br_2]}{dt} = -k_1\,[Br_2] + k_{-1}\,[Br]^2 + k_3\,[H]\,[Br_2] \tag{22}$$

$$\frac{d\,[Br]}{dt} = 2\,k_1\,[Br_2] - k_{-1}\,[Br]^2 - k_2\,[Br]\,[H_2] \tag{23}$$

$$\frac{d\,[H_2]}{dt} = -k_2\,[Br]\,[H_2] \tag{24}$$

$$\frac{d\,[H]}{dt} = k_2\,[Br]\,[H_2] - k_3\,[H]\,[Br_2] \tag{25}$$

$$\frac{d\,[HBr]}{dt} = k_2\,[Br]\,[H_2] + k_3\,[H]\,[Br_2] \tag{26}$$

In den Graphen symbolisieren die Buchstaben A, B, C, F und N folgende Konzentrationen:

A = [Br_2],   B = [$Br\cdot$]

C = [H_2],   F = [$H\cdot$],

N = [HBr]

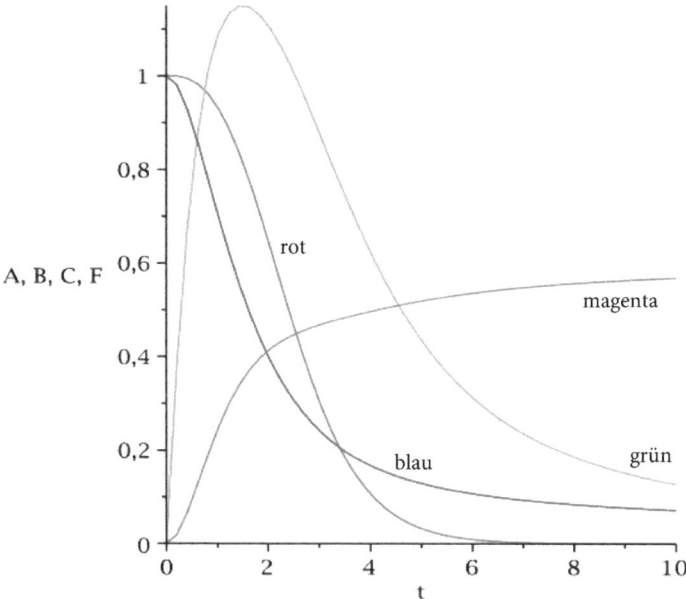

Abb. 15: Das Diagramm der Konzentration vs Zeit für die Kettenreaktion mit den Parametern $k_1 = 1$, $k_{-1} = 1$, $k_2 = 0,5$, $k_3 = 0,5$, $[A]_0 = 1$ (rot), $[B]_0 = 0$ (grün), $[C]_0 = 1$ (blau), $[F]_0 = 0$ (magenta).

Das Diagramm in Abb. 15 zeigt, dass die induzierte Spaltung des Br_2 in zwei Bromradikale $Br\cdot$ und somit die Abnahme der Konz. des Br_2 (rote Kurve) die gleichzeitige Abnahme in der H_2 Konzentration (blaue Kurve) bewirkt. Das $Br\cdot$ (grüne Linie) ist mit einer hohen Konz. Vorhanden, da es quadriert in den Differenzialgleichungen steht und die Kurve sollte noch höher steigen, aber durch die Umsetzung zum Hbr wird es schnell wieder verbraucht, dabei wird $H\cdot$ gebildet (magenta Kurve), der mit einem Br_2-Molekül zum HBr und $Br\cdot$ reagiert.

Die Reaktionsordnung ist bezüglich H_2 von erster Ordnung und bezüglich Br_2 von der Ordnung 1/2. Die Gesamtreaktion für diesen Fall ist dann 3/2. Diese Ordnungen gelten auch für das Anfangsstadium der Reaktion, solange die Konzentration von HBr in der Reaktionsgleichung noch vernachlässigbar ist.

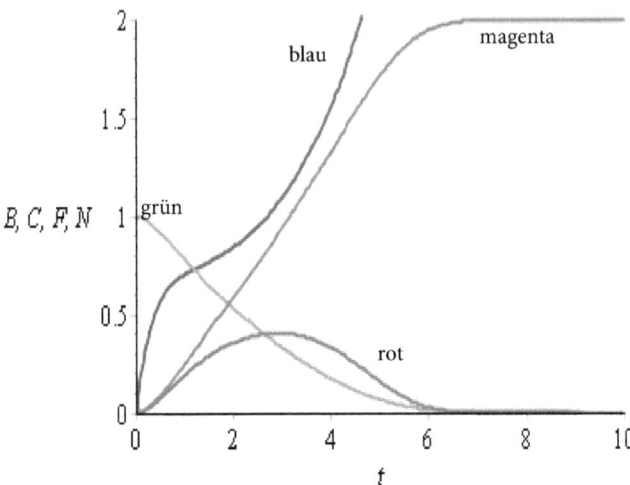

Abb. 16: Das Diagramm der Konzentration vs Zeit für die Kettenreaktion mit den Parametern $k_1 = 1$, $k_{-1} = 1$, $k_2 = 0,5$, $k_3 = 0,5$, $[A]_0 = 1$ (Kurve unsichtbar, da mit dem Computer Algebra-Software nicht mehr als vier Kurven gezeigt werden konnten), $[B]_0 = 0$ (blau), $[C]_0 = 1$ (grün), $[F]_0 = 0$ (rot), $[N]_0 = 0$ (magenta).

Im Diagramm in Abb. 16 ist zu erkennen, dass die homolytische Spaltung des Br_2 in zwei Bromradikale Br· (blaue Kurve) dazu führt, dass H_2 (grüne Kurve) verbraucht wird und HBr (magneta Kurve) wird schnell gebildet, dadurch entseht H· (rote Kurve). Nach 6,5 Zeiteinheiten ist das ganze H· mit Br· zu HBr verbraucht und die [HBr] steigt nicht mehr.

4.4 Autokatalytische Reaktionen

Im Folgenden wird die autokatalytische Reaktion (27) untersucht und der Effekt der Anfangskonzentration von $[B]_0$ wird demonstriert.

$$A + B \xrightarrow{\ k\ } 2B \qquad\qquad (27)$$

Für die Reaktionsgleichungen (27) wurden folgende Differentialgleichungen erstellt, mit deren Parameter die Konzentration vs. Zeit-Diagramme erstellt wurden:

$$\frac{d[A]}{dt} = -k[A][B] \qquad\qquad (28)$$

$$\frac{d[B]}{dt} = k[A][B] \qquad\qquad (29)$$

Im Folgenden sind die Diagramme der Konzentration vs Zeit bei verschiedenen Anfangs- konzentrationen von B.

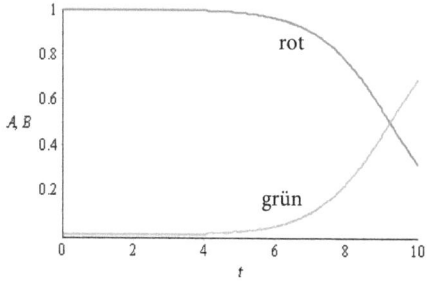

Abb. 17: $k = 1$, $[A]_0 = 1$ (rot), $[B]_0 = 1 \cdot 10^{-4}$ (grün)   **Abb. 18:** $k = 1$, $[A]_0 = 1$ (rot), $[B]_0 = 1 \cdot 10^{-3}$ (grün)..

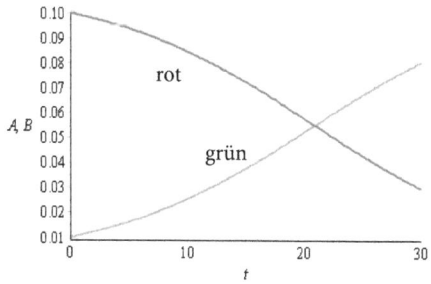
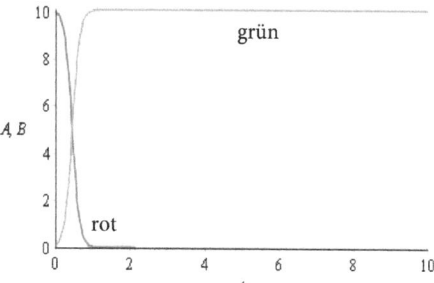

Abb. 19: $k = 1$, $[A]_0 = 0{,}1$ (rot), $[B]_0 = 0{,}01$ (grün).   **Abb. 20:** $k = 1$, $[A]_0 = 10$ (rot), $[B]_0 = 0{,}1$ (grün).

17

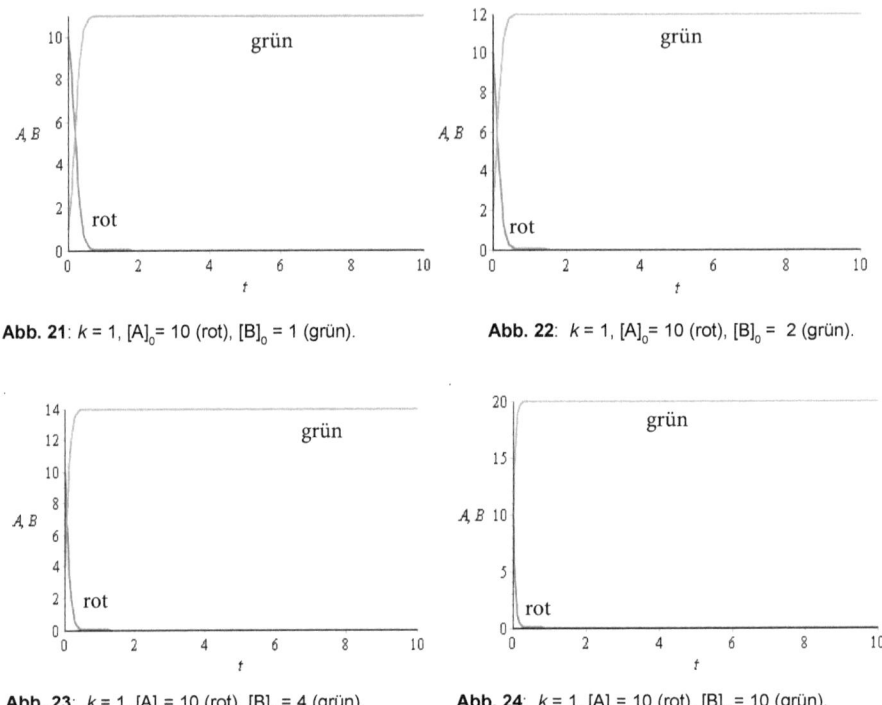

Abb. 21: $k = 1$, $[A]_0 = 10$ (rot), $[B]_0 = 1$ (grün).

Abb. 22: $k = 1$, $[A]_0 = 10$ (rot), $[B]_0 = 2$ (grün).

Abb. 23: $k = 1$, $[A]_0 = 10$ (rot), $[B]_0 = 4$ (grün).

Abb. 24: $k = 1$, $[A]_0 = 10$ (rot), $[B]_0 = 10$ (grün).

Als Autokatalyse wird das Phänomen bezeichnet, dass das Produkt einer Reaktion die Reaktion selbst beschleunigen kann. Die Reaktion kann mit sehr geringen Konzentrationen von B starten, was zunächst eine geringe Geschwindigkeit zur Folge hat. Mit zunehmender Konzentration von B wird die Reaktion jedoch immer schneller. Da aber A verbraucht wird, sollte die Geschwindigkeit nach Passieren eines Maximums abnehmen, was in den Diagrammen nicht zu beobachten ist. Durch eine Verlängerung der t-Achse auf 50 bzw. 100-Zeiteinheiten konnte dieses Verhalten graphisch nicht gezeigt werden.

Ein Beispiel für Autokatalyse ist die Reaktion von Oxalsäuren mit Permanganat[4]:

$$5 \, HOOC\text{-}COOH + 2 \, MnO_4^- + 6 \, H^+ \longrightarrow 10 \, CO_2 + 2 \, Mn^{2+} + 8 \, H_2O \qquad (30)$$

18

Die entstehenden Mangan-(II)-Ionen sind ein Katalysator für diese Reaktion, so dass die anfänglich zögernde Entfärbung des Permanganats immer schneller verläuft. Werden Mangan-(II)-Ionen zum Reaktionsstart zur Verfügung gestellt, so verläuft die Reaktion bereits zu Beginn schnell[4].

4.5 Lotka-Volterra Oscillator

Zwischen einer normalen Reaktion und oszillierenden Systemen gibt es einige Unterschiede. Bei einer normalen Reaktion nehmen die Konzentrationen der Edukte monoton ab, während die Abnahme in der oszillierenden Reaktion stufenweise erfolgt. Ähnliches gilt auch für die Produkte: monotone Zunahme in Normalfall, stufenweise Zunahme bei Oszillationen. Die Konzentrationen katalytisch aktiver Stoffe erreichen bei nicht oszillierenden Reaktionen ein Minimum, ein Maximum oder einen stationären Zustand, wäherend diese bei oszillierenden Systemen periodisch schwanken. Ein Beispiel hierfür ist die Beluosov-Zhabotinski-Reaktion[5].

Für das auftreten oszillierender Reaktionen muss ein System folgende Voraussetzungen erfüllen:

- Das System muss weit vom Gleichgewicht enrfernt sein.
- Das System muss für den Stoff- und Energieaustausch mit der Umgebung offen sein.
- Das system muss mindesten einen Reaktionsschritt mit Rückkopplung enthalten; diese Rückkopplung kann als autokatalytischer Schritt betrachtet werden.
- Bei der Reaktion muss Energie frei werden. Hierdurch werden die Oszillationen angetrieben[5].

Im Folgenden wird der Lotka-Voltera Oszillator (Reaktionsgleichungen (31) - (33)) untersucht. Hierbei soll ein sich im Gleichgewicht befindendes biologisches System aus Nahrung/Grass [A], Beute/Hasen [B] und Räubern/Füchsen [C] und toten Räubern /Füchsen [F] simuliert werden. Der Lotka-Volterra-Oszillator werden wie folgt formuliert:

$$A + B \xrightarrow{k_1} 2B \qquad (31)$$

$$B + C \xrightarrow{k_2} 2C \qquad (32)$$

$$C \xrightarrow{k_3} F \qquad (33)$$

Für die Reaktionsgleichungen (31) - (33) wurden folgende Differentialgleichungen erstellt, mit deren Parameter die Konz. vs. Zeit-Diagramme erstellt wurden. Die Konzentration von [A] (Nahrung/Grass) wurde als konstant angenommen. Für die Erstellung der Oszillation wurden nur die Gl. (34) und (35) einprogrammiert.

$$\frac{d[B]}{dt} = k_1 [B] - k_2 [B][C] \tag{34}$$

$$\frac{d[C]}{dt} = k_2 [B][C] - k_3 [C] \tag{35}$$

$$\frac{d[F]}{dt} = k_3 [C] \tag{36}$$

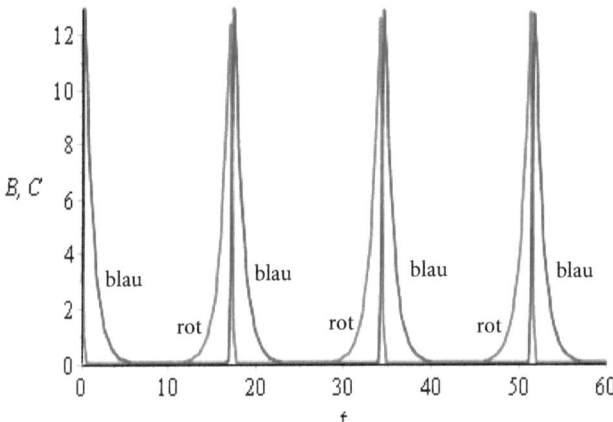

Abb. 25: Das Diagramm der Konzentration vs Zeit für die Lotka-Volterra Oszillator mit den Parametern $k_1 = 1$, $k_2 = 1$, $k_3 = 1$, $[A]_0 =$ Konst., $[B]_0 = 12$ (rot), $[C]_0 = 3$ (blau) im Bereich von $t = 0 - 60$.

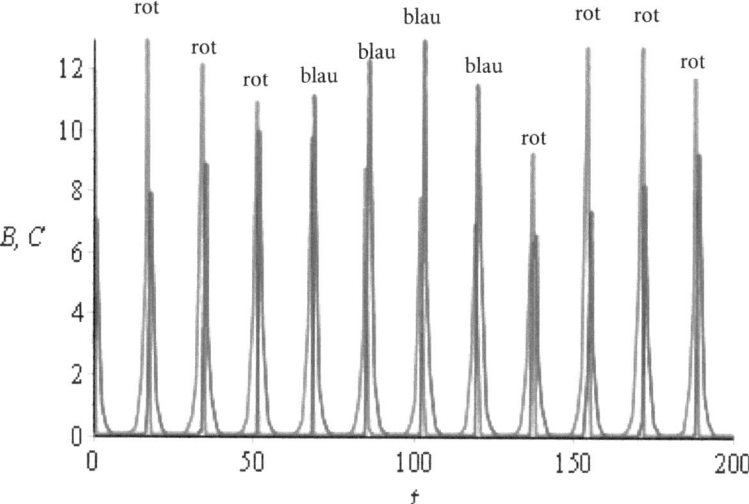

Abb. 26: Das Diagramm der Konzentration vs Zeit für die Lotka-Volterra Oszillator mit den Parametern $k_1 = 1$, $k_2 = 1$, $k_3 = 1$, $[A]_0 =$ Konst., $[B]_0 = 12$ (rot), $[C]_0 = 3$ (blau) im Bereich von $t = 0 - 200$.

Zu Beginn steigt die Populationsgröße der Beute deutlich an. Dadurch haben die Räuber ein höheres Nahrungsangebot und vermehren sich, sodass auch ihre Populationsgröße ansteigt. Irgendwann wird der Punkt erreicht, an dem die Räuber mehr Beute fressen wie neue geboren werden. In der Folge sinkt die Beutepopulation und damit auch das Nahrungsangebot der Räuber. Ihre Populationsgröße sinkt jetzt ebenfalls, nur eben leicht verzögert. Infolgedessen das es jetzt weniger Räuber gibt, kann sich die Beutepopulation wieder erholen und es kommt zu einem Anstieg der Populationsgröße. Mehr Beute bedeutet auch wieder mehr Nahrungsangebot für die Räuber, deren Population jetzt ebenfalls wieder ansteigt. Das Schema wiederholt sich.

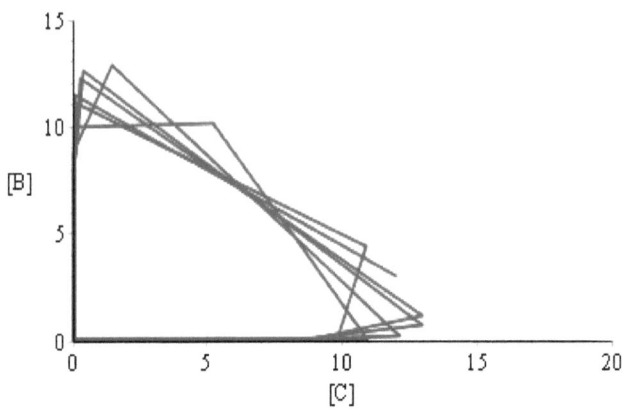

Abb. 27: Das mit den Gleichungen (31) und (32) numerisch gelöste Phasenraumdiagramm. Mit den Parametern $k_1 = 1$, $k_2 = 1$, $k_3 = 1$, $[A]_0 =$ Konst., $[B]_0 = 12$, $[C]_0 = 3$.

5. Zusammenfassung der Ergebnisse

Für alle komplexen Reaktionen konnten per Computer Algebra-Software Konz. vs Zeit-Diagramme erstellt werden. Für die Konsekutiv-Reaktion (1) konnte gezeigt werden, dass der langsamste Reaktionsschritt der Geschwindigkeitsbestimmende ist und somit hängt die Bildungsgeschwindigkeit des Endproduktes von diesem ab. Für Michaelis-Menten-Mechanismus (9) wurde der effektive Reaktionsordnung als Nullter Ordnung bestimmt, da die Konz. des Substrates [A] als konst. Betrachtet wird. Im Falle einer reversiblen Michaelis-Menten-Reaktion steigt die Konz. des Endproduktes langsamer, da ständig ein Teil davon zum Enzym-Substrat-Komplex zurückgebildet wird. Für die Kettenreaktion (19) - (21) wurde eine Reaktionsordnung von 3/2, da die Reaktionsordnung bezüglich H_2 von erster Ordnung und bezüglich Br_2 von der Ordnung ½ ist. Für die autokatalytische Reaktion (27) hat eine Anfangskonzentration von der sich selbst katalysiereneden Spezies B mit $[B] = 1 \cdot 10^{-4}$ und $1 \cdot 10^{-3}$ bei $k = 1$ und $[A] = 1$ zunächst eine geringe Geschwindigkeit zur Folge, die aber mit zunehmender Konzentration von B jedoch immer schneller wurde. Der Lotka-Volterra-Oszillator konnte graphisch mit den Reaktionsgleichungen (34) und (35) mit den Parametern $k = 1$, $[A] =$ konst., $[B] = 12$ und $[C] = 3$ graphisch zur Oszillation gebracht werden. Außerdem konnte durch die Auftragung von [B] gegen [C] ein

22

Phasenraum-Diagramm erstellt werden. Es zeigt einen Fixpunkt, um welchen Räuber [C]-und Beute [B]- Populationen zyklisch schwanken und somit ein periodisches Verhalten zeigen.

6. Literaturangaben

[1] Charles E. Mortimer: Chemie; Thieme-Verlag Stuttgart **1987**.

[2] *Thermodynamic and kinetic analysis of isothermal microcalorimetric data:applications to consecutive reaction schemes*, Simon Gaisford1, Andrew K. Hills, Anthony E. Beezer*, John C. Mitchell, Experimental Thermodynamics Group, School of Physical Sciences, The University, Canterbury, Kent CT2 7NH, UK, Accepted 17 November **1998**.

[3] : *Two rules of enzyme kinetics for reversible Michaelis-Menten mechanisms*, T. Keleti, Institute of Enzymology, Biological Research Center, Hungarian Acudemy of Sciences, Budapest, Hungary, Volume 208, number 1, November **1986**.

[4] http://www.chemie.de/lexikon/Autokatalyse.html. **2015**.

[5] http://aeccc.univie.ac.at/fileadmin/user_upload/kompetenzzentrum_aeccc/Literatur/Fachbereichsarbeiten/FBA_Oszillierende_Reaktionen_Ines_Mader.pdf. **2015**.

23